Nisar Ahmad Malik

Líquidos iónicos, surfactantes e fármacos

Nisar Ahmad Malik

Líquidos iónicos, surfactantes e fármacos

ScienciaScripts

Índice

Introdução

Os líquidos iónicos (LI) são sais fundidos constituídos por catiões e aniões volumosos. Todos os líquidos iónicos não são "líquidos" à temperatura ambiente, apenas os que se qualificam à temperatura ambiente são designados por líquidos iónicos à temperatura ambiente (RTILs). De um modo mais geral, a definição admitida de LIs considera os sais fundidos com um ponto de fusão inferior a 100° C. Estes são por vezes designados por electrólitos líquidos, fundidos iónicos, fluidos iónicos, sais fundidos, sais líquidos ou vidros iónicos, devido ao facto de o seu ponto de fusão caraterístico ser inferior a um valor arbitrário. Nesta direção, muito trabalho tem sido feito nos últimos anos, e tem havido um crescimento exponencial no número de artigos publicados. Além disso, estão a ser escritas várias revisões, destacando a sua utilização como meios de auto-montagem anfifílicos,[1] formação de micelas de ILs à base de imidazólio em solução aquosa[2] e relativamente às suas propriedades de superfície.[3] A utilização de ILs como solventes e auxiliares está a ser investigada numa série de reacções, como a reação de Heck em sínteses orgânicas, a reação de Diels-Alder e a hidrogenação.[1-10] Algumas das suas aplicações críticas incluem solventes para extração,[11-13] reacções enzimáticas,[14] aplicações electroquímicas,[15-16] e também como sensores.[19-20] Como solventes, tendo em conta o seu comportamento físico-químico único (volumétrico, de transporte, espetrométrico) e biológico (ecológico e ambiental)[21] , a sua utilização tem sido apoiada em relação aos solventes voláteis convencionais. As reacções químicas realizadas em ILs podem aumentar a produtividade e as taxas de reação devido à sua fraca coordenação e elevada polaridade.[22] Alterando os comprimentos das suas cadeias, as alterações de hidrofobicidade podem ser utilizadas em separações líquido/líquido.[23] Com base na sua solubilidade em água, os IL podem ser divididos em dois grupos, ou seja, solúveis e insolúveis em água.[30] A miscibilidade dos LIs depende principalmente dos aniões, dos catiões e da carga superficial dos iões. [3141]

Os LIs também podem ser classificados em líquidos iónicos próticos (PILs) e líquidos iónicos apróticos (AILs). Entre eles, os AIL são os LI mais frequentemente estudados. Os líquidos iónicos de superfície ativa (SAILs) podem ser PILs ou AILs, e são utilizados como anfifílicos.[1] A utilização de LI como aditivos para modular as propriedades físico-químicas das soluções tensioactivas convencionais, a sua auto-agregação e as interações com tensioactivos e fármacos têm sido objeto de grande atenção. A utilização de líquidos iónicos como solventes, electrólitos e materiais funcionais para diversas aplicações está representada na figura 1.

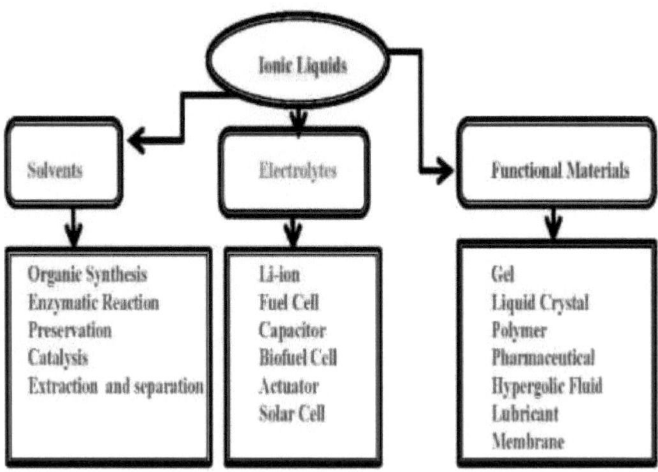

Figura. 1 Diferentes utilizações dos líquidos iónicos.

Líquidos iónicos como aditivos

A estrutura e as propriedades físico-químicas desempenham um papel importante na conceção de líquidos iónicos para aplicações industriais.[42-44] Várias propriedades dos LIs, tais como volumétricas, electroquímicas, de transporte, ecológicas, espectrométricas e ambientais, são importantes para determinar as suas possíveis utilizações. Para aplicação em ciências biológicas, os LIs têm sido sintetizados por novas rotas, tendo em vista a sua baixa toxicidade e a sua compatibilidade com o ambiente.[45] Os LI estão a ser utilizados como aditivos para modificar as propriedades físico-químicas das soluções de tensioactivos. Por exemplo, as alterações nas propriedades físico-químicas do brometo de cetiltrimetilamónio aquoso (CTAB) após a adição de um IL, brometo de 1-hexil-3-metilimidazólio, [C6mim][Br], foram comparadas com um co-surfactante brometo de n-hexiltrimetilamónio (HeTAB) adicionado ao CTAB aquoso. Foram observados efeitos sobre a concentração micelar crítica (CMC), número de agregação (Nagg), condutância da solução, microfluidez, tamanho médio dos agregados e polidispersidade do CTAB aquoso na presença de [C_6 mim][Br].[46] Observou-se que o [C_6 mim][Br] atua como um co-solvente e altera drasticamente as propriedades físico-químicas do CTAB.[46] Foi investigada a presença de ligações H, dipolo induzido por dipolo e outras interações entre o hexafluorofosfato de IL-l-butil-3-metilimidazólio, [bmim][PF$_6$] e o tensioativo não-iónico-Triton X-IOO. Observou-se a partição do [bmim][PF$_6$] na fase micelar TX-lOO e a presença de [bmim][PF$_6$] tanto perto do núcleo como na camada de paliçada das micelas TX-lOO; a observação foi feita com base em CMC e *Nagg*.[47] As interações electrostáticas entre os iões de dois ILs {tetrafluoroborato de l-butil-3-metilimidazólio, [bmim][BF$_4$] e hexafluorofosfato de l-butil-3-metilimidazólio, [bmim][PF$_6$]} com o tensioativo zwitterion (t N- dodecil-N,N-dimetil-3 -amónio-1 -propanossulfonato) alteram as propriedades dos sistemas tensioactivos zwitteriónicos aquosos e dependem da natureza do grupo de cabeça do tensioativo.[48] Foi efectuado um estudo comparativo das alterações das propriedades físico-químicas de uma solução aquosa de CTAB com dois IL próticos {hexanoato de dimetiletanol e amónio, DAH, e formiato de dimetiletanol e amónio, DAF} utilizando medidas de potencial zeta, condutância eléctrica, microviscosidade e dipolaridade. Os ILs em concentrações mais baixas ($\leq$ 30 mM) exibiram a mesma tendência na modificação das propriedades da solução de CTAB, mas o efeito foi mais pronunciado no número de agregação e no tamanho da micela de CTAB na presença de DAH em comparação com o de DAF. Observou-se que as propriedades da solução aquosa de CTAB se alteravam à medida que a

concentração de DAH e DAF aumentava. Concluiu-se que a interação coulombiana atractiva dos grupos catiónicos da cabeça das micelas CTAB ocorre entre os aniões formiato e hexanoato. As diferentes mudanças de tamanho e o comportamento incomum dos dois líquidos iónicos resultaram devido à diferença na localização dos aniões deDAF e DAH.[49] Os LIs à base de imidazólio (Fig. 2) foram estudados para elucidar os efeitos nas propriedades físico-químicas do SDS. As interações entre SDS e ILs são estudadas exaustivamente devido ao papel bem estabelecido do SDS em detergentes, cosméticos, produtos farmacêuticos e aplicações bioquímicas.[50-52]

A mistura de ILs com outros tensioactivos pode ser útil em aplicações de microemulsão.[53] Entre os tensioactivos aniónicos convencionais, o SDS ocupa um lugar importante na investigação devido à sua longa cadeia de hidrocarbonetos comião sulfato como grupo principal.[50-54] A interação de ILs à base de imidazólio, [C_n mim][X], com tensioactivos convencionais de cadeia hidrocarbónica variável (n = 2, 4, 6, 7,10) e com diferentes contra-iões (X = Br·, Cf, PF_4 ', e BF_4^-), mostrando efeitos na termodinâmica do SDS e no comportamento de agregação, também está a ser relatada.[55-59] Neste aspeto, o cloreto de 1-butil-2,3-dimetilimidazólio, [bdmim][Cl], e o tetrafluoroborato de 1-butil, 2,3- dimetilimidazólio, [bdmim][BF_4], foram sintetizados e os seus efeitos na micelização do SDS foram co-relacionados. Observou-se que a adição de [bdmim][Cl] e [bdmim][BF₄] resultou no aumento da CMC do SDS devido a interações hidrofóbicas.[60-61] Os sistemas bifásicos com tetrafluoroborato de 1-etilpiperazínio e SDS foram investigados utilizando técnicas de UV- vis,[1] H-NMR, DLS e TEM criogénico.[62]

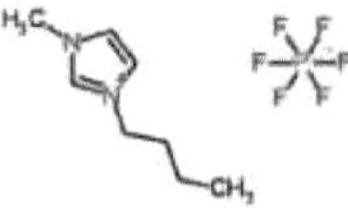

1-butyl-3-methylimidazolium hexafluorophosphate

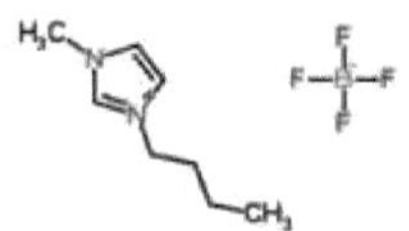

1-butyl-3-methylimidazolium tetrafluoroborate

1-hexadecyl-3-methylimidazolium chloride

1-butyl-2,3-dimethylimidazolium tetrafluoroborate

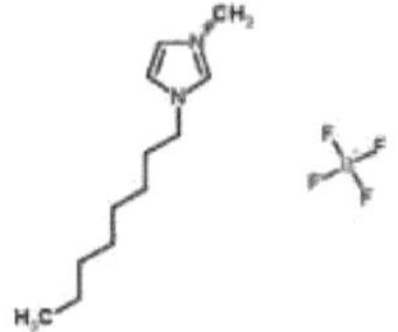

3-methyl-1-octylimidazoliumtetrafluoroborate

1-methyl-3-Octylimidazolium chloride

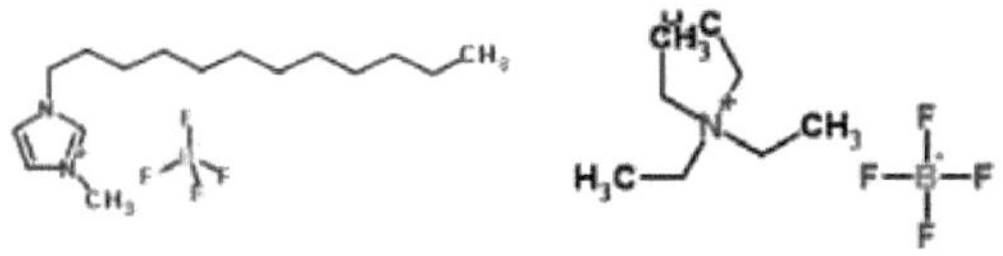

1-dodecyl-3-methylimidazolium
tetrafluoroborate

Tetraethylammonium
tetrafluoroborate

Figura. 2 Estruturas de alguns líquidos iónicos.

Líquidos iónicos anfifílicos de auto-montagem

A síntese de ILs com propriedades anfifílicas (geralmente ILs de imidazólio de cadeia longa, Fig. 2.) apresenta uma área de investigação emergente e interessante, e foi demonstrado que várias outras famílias, pirrolidínio, amónio, colínio, etc., também podem apresentar propriedades de auto-montagem.[63] Tal como os tensioactivos iónicos convencionais, estes têm grupos de cabeça hidrofílicos e caudas hidrofóbicas. Os SAILs têm tendência para se autoagruparem em meio aquoso [6465] e há muitos trabalhos que descrevem a sua agregação também em meio não aquoso. [6669] As cadeias alquílicas de ILs com comprimento superior a C_6 são capazes de formar agregados se estiverem ligadas a aniões mais pequenos como Cl, Br.[70] E para os ILs à base de sulfato/sulfonato, a cadeia pode ser superior a C_6 quer em catiões quer em aniões, e são capazes de formar agregados ou micelas.[71] Luczak *et al.*[72] analisaram a formação de micelas de líquidos iónicos de imidazólio em solução aquosa e resumiram os resultados obtidos até à data por um número significativo de grupos de investigação. [7374]

Fei *et al.*[75] utilizaram a micro-calorimetria de titulação isotérmica e a tensão superficial para estudar o comportamento de agregação de três ILs de imidazólio de cadeia longa: [C_{12} mim][Br], [C_{14} mim][Br], e [C_{16} mim][Br], em soluções aquosas. Foi investigado o efeito da temperatura e do comprimento da cadeia alquílica no processo de agregação destes ILs de cadeia longa. Verificou-se que não há interações micela-micela em [C14mim] [Br] e [C_{16} mim] [Br], e eles se comportaram como surfactantes ideais, enquanto as interações micela-micela em concentrações mais altas foram observadas em [C[]mim] [Br]. Verificou-se também que os valores de CMC destes três ILs de cadeia longa eram inferiores aos relatados para os tensioactivos catiónicos convencionais com os mesmos comprimentos de cadeia de hidrocarbonetos.[76] Omar A. El *Seoudet al.*[77] sintetizaram uma série de ILs [Rmim][Cl] através da reação de 1-metilimidazol purificado e 1-cloroalcanos, e o comprimento da cadeia de 1-cloroalcanos (R) variou de 10-16 átomos de carbono. A tensão superficial, a condutividade, a força eletromotriz, a extinção de fluorescência e a dispersão estática da luz foram utilizadas para investigar a adsorção e a agregação destes SAILs em água. As propriedades micelares (CMCs, parâmetros termodinâmicos de micelização, polaridade empírica e concentrações de água nas regiões interfaciais) do SAIL-I- cloreto de hexadecil-3-metilimidazólio, [C_{16} mim][Cl]), foram investigadas. Sugeriu-se que os iões do grupo de cabeça monomérica no agregado micelar dependem da ligação de hidrogénio e da natureza da cabeça.[78] O tetrafluoroborato de 1-butil-2, 3- dimetilimidazólio, [c4mmim][BF4] foi investigado em meio aquoso através de medições da condutividade eléctrica e da velocidade do som a temperaturas de 288,15 a

308,15 K. Foram efectuados diferentes parâmetros termodinâmicos,

incluindo[l] estudo de HNMR para estudar a agregação.[79] A síntese, a

estabilidade térmica, a formação de micelas e a atividade antimicrobiana de

ILs funcionalizados com amida, com uma cadeia alquílica ($C\beta$-C_{14}) ligada

a um grupo de cabeça polar (metilimidazólio ou piridínio) através de um

grupo funcional amida, foram investigadas em solução aquosa. Observou-

se que a estabilidade térmica aumentou com a inserção do grupo funcional

nos LIs substituídos por cadeias alquílicas. Alguns dos líquidos iónicos

foram surpreendentemente estáveis até 400^0 C. A este respeito, a inserção

de líquidos contendo o catião caprolactama foi muito estável em

comparação com outros líquidos iónicos sem este catião.[80] Os líquidos

iónicos de imidazólio com grupo amida apresentaram maior estabilidade

térmica do que os líquidos iónicos de piridínio com grupos amida. Os sais

de imidazólio foram estáveis até 310-321^0 C, em comparação com os sais

de piridínio, o que indica sinais de degradação térmica a 258-260^0 C.

Observou-se que a estabilidade térmica dos IL de piridínio funcionalizados

com o grupo amida não foi afetada pelo comprimento da cadeia alquílica,

em comparação com os IL de imidazólio, em que o aumento do tamanho do

catião aumenta a temperatura de decomposição. [8183] A ligação de hidrogénio que ocorre como resultado de ILs funcionalizados com amida foi atribuída à maior estabilidade térmica de ILs funcionalizados com amida.[81] A CMC, bem como a atividade de superfície, aumentaram à medida que o comprimento da cadeia alquílica aumentou nos ILs funcionalizados com amida. Observou-se um tipo de tendência semelhante com os ILs de 1-alquil-3-metilimidazólio com cadeias alquílicas de 8, 10, 14, 16 e 18 átomos de carbono[84] (Tabela 2).

As primeiras propriedades antibiofilme *in vitro* dos IL foram estudadas por Gilmore e colaboradores.[86] Observou-se que, ao aumentar o comprimento da cadeia alquílica dos IL, a concentração mínima de erradicação do biofilme diminuía, aumentando assim a atividade anti-biofilme. Observou-se um tipo de tendência semelhante com os ILs de brometo de 1-alquilquinólio.[87] Os IL também foram referidos como antimicrobianos suaves que contêm cadeias alquílicas longas com grupos espaçadores de ésteres e amidas facilmente quebráveis de compostos de amónio quaternário.[89] Neste sentido, foram sintetizados ILs de imidazólio com ésteres de aminoácidos quirais e grupos dipeptidílicos na cadeia lateral do catião.[8890] O número de átomos de carbono superior a oito na cadeia lateral mostrou uma ampla atividade antimicrobiana em ILs funcionalizados com amida, e verificou-se que aumenta com o comprimento da cadeia alquílica.

A atividade antifúngica foi melhorada nos ILs funcionalizados com amida do que nos ILs não funcionalizados.[91] Tariq *et al.*[92] utilizaram técnicas baseadas na densidade e no som para determinar a auto-agregação de ILs. Foram investigados três ILs de cloreto de 1'alquilL3'metilimidazólio, [C_n mim][Cl] com n = 8, 10 e 12. Foram utilizados dados volumétricos molares parciais e a compressibilidade isentrópica das soluções de IL

para obter informações sobre a formação de agregados em meio aquoso. O processo de agregação de IL à base de imidazólio (1-butil-2,3-dimetilimidazólio) em meio aquoso foi investigado através de medições de condutividade, densidade e velocidade do som. Observou-se o empilhamento de IL...IL, o que ficou evidente nos parâmetros termodinâmicos e na alteração da compressibilidade adiabática após a agregação.[93] A teoria da ação da massa foi aplicada para determinar o número de agregação de ILs, tetrafluoroborato de 1-butil-3-metilimidazólio, [C4mim][BF4], tetrafluoroborato de 3-metil-1 -octilimidazólio, [C_8 mim][BF$_4$], cloreto de 3-metil-1-octilimidazólio, [C_8 mim][Cl], e cloreto de N-butil-3-metilpiridínio, [C_4 mpy][Cl],   em meio aquoso. A partir de

Os resultados termodinâmicos, verificou-se que a força indutiva da cadeia alquílica-ião e as interações hidrocarboneto-hidrocarboneto desempenham um papel importante no processo de agregação.[94] O comportamento de agregação dos líquidos iónicos à base de 1-alquil-3-metilimidazólio foi investigado utilizando o corante laranja de metilo.[95] A condutância e a dispersão de luz por ressonância também foram utilizadas para descobrir o comportamento de agregação destes ILs. Os resultados mostraram uma clara diferença entre a agregação convencional e a agregação baseada em IL em meio aquoso.[96] Todos os IL à base de imidazólio à temperatura ambiente apresentaram um pico de absorção bem desenvolvido na região UV do espetro, que se desloca para a região visível devido ao aumento das ligações de hidrogénio.[97] Um máximo de absorção específico foi exibido por diferentes agregados supramoleculares de cadeia longa de RTILs.[98] A técnica UV-visível é uma técnica valiosa para o estudo da absorção de ILs à base de imidazólio. Os RTILs mostraram uma fraca absorção a 300 nm.[99-100] A medição dos coeficientes de difusão translacional, D_t de colóides e nanopartículas em solução pode ser facilmente medida utilizando a técnica de dispersão dinâmica da luz (DLS).[101] O espetro de UV, a condutividade eléctrica e a dispersão de luz por ressonância foram utilizados para estudar o comportamento de agregação de líquidos iónicos à base de 1-alquil-3-metilimidazólio, [C_n mim][Br] n = 8, 10, 12 e 16 em soluções aquosas. Foram observadas diferenças claras na agregação entre o [C_n mim][Br] e os surfactantes tradicionais.[102] Sugeriu-se que as ligações de hidrogénio desempenham um papel dominante no processo de agregação dos ILs, para além das interações colúmbicas e hidrofóbicas. Em comparação com os tensioactivos catiónicos tradicionais, os LI apresentam uma agregação mais forte devido à formação de uma rede de ligações de hidrogénio. Esta rede de ligações de hidrogénio resulta igualmente em arranjos soltos de anéis de imidazólio nos subagregados de $[C_n \, mim]\,[Br]$ ($n < IO$).[103] A espetroscopia de relaxação dieléctrica de 40 Hz a 110 MHz foi utilizada para investigar o comportamento de auto-agregação dos líquidos iónicos anfifílicos de imidazólio com cauda de pirrolo $[Py(CH)_{21} \, 2mim][Br]$: Py = pirrolo, mim = metilimidazólio) em água. Verificou-se que a interação hidrofóbica e as interações π-π entre os grupos Py adjacentes são as principais forças motrizes da agregação $[Py(CH)_{212} \, mim][Br]$. Foram observadas duas relaxações notáveis, originadas pela difusão de contra-iões e pela polarização interfacial entre as micelas e as soluções, nas gamas de 1,3 MHz e 55 MHz, que se situam acima da CMC de $[Py(CH)_{212} \, mim][Br]$. A equação de Cole-Cole foi utilizada para ajustar os dados experimentais e obter os parâmetros de relaxação que representam as propriedades reais de todo o sistema. A forte ordem de orientação das moléculas de água no interior do núcleo da micela foi atribuída à estrutura especial da micela. Além disso, foi observada uma elevada permissividade de cerca de 150 para a micela. Com base nos parâmetros de relaxação e nos parâmetros de fase, foram calculados a condutância de superfície, a densidade de carga de superfície e o potencial zeta.[104] A voltametria de microelectrodos foi também utilizada para determinar o coeficiente de difusão micelar, o raio hidrodinâmico micelar e os números médios de agregação (N_{agg}) do cloreto de 1-alquil-3-metilimidazólio, $[C_n\ mim][Cl]$, n = 12, 14, 16; tensioactivos em solução aquosa. Utilizando o ferroceno como sonda eletroquímica redox-ativa, os valores do coeficiente de difusão micelar foram determinados por extrapolação do gráfico do coeficiente de difusão em função da concentração do tensioativo.[105]

Quadro 1 Interação de líquidos iónicos com tensioactivos.			
Líquido iónico	**Tensioativo convencional**	**Foco nos imóveis**	**Refe rê ncia**
Tetraetilamónio m tetrafluoro borato	1. etoxilatos de ter-octilfenol com 9,5 e 4,5 grupos de óxido de etileno, 2. etoxilato de álcool cetílico com 10 grupos de óxido de etileno, 3. monolaurato e monooleato de sorbitano, ambos com 20 grupos de óxido de etileno	Comportamento de turvação e avaliação dos parâmetros termodinâmicos	[91]
Tetrafluoro borato de 1-dodecil- 3-metilimi dazólio, [C12mim] [BF4]	Tritão X-100	Interações e propriedades físico-químicas	[92]
Líquidos iónicos à base de hidrofilia e imidazol ([bmim-octilo][SO4], [bmim-metilo][SO4] e [bmim][BF4]	Tensioativo não-iónico etoxilado (C12-14EO8)	Cadeias alquílicas curtas como co-solventes e a sua natureza ativa de superfície	[93]

	Brometo de LDodeciltrimetilamónio (DTAB), 2.Brometo de tetradeciltrimetilamónio (TTAB), 3.Brometo de cetiltrimetilamónio (CTAB) e 4.Brometo de cetilpiridínio (CPB)	Comportamento dos tensioactivos em solução e suas propriedades físico-químicas.	[95]
Brometo de 1- tetradecil-3- metilimi dazólio, [C14mim] [Br]			
1-alkyl-3-methylimi dazolium, [Cnmim][Br] (n = 4, 6, e 8)	Sulfato de dodecilo e sódio (SDS)	Interações entre ILs e SDS e suas propriedades mistas	[97]
Borato de 1-butil-3-metilimi dazoliumt etrafluoro, [bmim][B F4]	Tritão X-100	Formação de microemulsões entre IL e Tx-100 e sua análise dieléctrica	[98]
Hexafluoro fosfato de 1-butil-3-metilimi dazólio, [bmim][P F6]	Tritão X-100	Efeito nas propriedades físico-químicas da adição de Tx-100 ao IL	[99]
[Cnmim][Br] (n = 4, 6, 8)	Brometo de trimetileno-1,3-bis(dodecil amónio) (12-3-12)	A CMC das micelas puras e mistas foi efectuada manualmente e as suas propriedades termodinâmicas	[100]
1. cloreto de N-butil imidazoliu m (N-BImCl) 2. 1-butil-	Brometo de hexadeciltrimetilamónio (CTAB)	Efeito da ligação de hidrogénio nas interações IL- CTAB	[101]

3-metil imidazoliu cloreto de m, [bmim][Cl 1._ 3. 1-hexil- 3- metil imidazoliu m brometo, [C$_6$ mim][Br]			
1- tetradecil- Brometo de 3- metilimi dazólio	Brometo de 1- hexadecilpiridínio	Termodinâmica e comportamento de agregação	[102]
1-butil-3- metil- imidazoliu m tetrafluoro borato, [bmim][B $_{F<}$]	SDS	Atividade de superfície e comportamento de agregação	[103]
1. Acetato de 1-butil- 3- metilimi dazólio, [bmim][O Ac] 2. Benzoato de 1-butilo- 3-metilimi dazólio,	Brometo de dodeciltrifenilfosfónio (C$_{12}$ TPB)	Efeito do líquido iónico aromático no comportamento de agregação do brometo de dodeciltrifenilfofónio	[104]

[bmim][Ph COO			
tetrafluoro borato de 1-butil-3-metilimi dazólio, [bdmim][BF]$_4$	SDS	Modulação do comportamento de agregação deSDS comILs	[105]
Tetrafluoro borato de 1-butil-3-metilimi dazólio, [bmim][B $_{F4}$]	Éteres polietilenoglicolalquílicos	Comportamento de agregação de ILs com surfactantes não iónicos	[106]

Tabela 2 Concentração micelar crítica (CMC) de alguns dos líquidos iónicos à base de imidazólio e pirrolidínio a 298,15 K.

Líquido iónico	CMC (M)	Implicações	Referência
Cloreto de 1-butil-3 - metil-1H- imidazólio	-	Pequena cadeia de alquilo não se observa CMC	[84]
Cloreto de 1-hexil-3 - metil- 1H-imidazólio	-	Pequena cadeia de alquilo não se observa CMC	[84]
Cloreto de 1 -metil-3 - octil-1H- imidazólio	0.2200	-	[84]
Cloreto de 1-decil-3 - metil- 1H-imidazólio	0.0600	-	[84]
cloreto de l-tetradecil-3-metil-lH-imidazólio	0.0013	-	[84]
Cloreto de l-hexadecil-3-metil-lH-imidazólio	0.0010	-	[84]
Cloreto de l-octadecil-3-metil-lH-imidazólio	0.0004	-	[84]
Brometo de N-dodecil-N-metilpirrolidínio	0.0153	-	[84]
Brometo de N-butil-N-dodecil-pirrolidínio	0.0061	-	[84]

Efeito dos aditivos no comportamento de agregação OfILs

Foram efectuadas medições volumétricas, de compressibilidade e condutométricas para investigar o efeito no comportamento de agregação e nas propriedades termodinâmicas do brometo de 1-dodecil-3-metilimidazólio,$[C_{12}$ mim][Br], na presença de electrólitos orgânicos (Me_4 NBr, Et_4 NBr, Pr_4 NBr, Bu_4 NBr, Me_4 NCl e Me_4 NI) em solução aquosa. [106] Observou-se que estes electrólitos têm um efeito de salga no comportamento de agregação de $[C_{12}$ mim][Br], uma vez que estes electrólitos diminuíram a CMC de $[C_{12}$ mim][Br]. O efeito de salting-out foi mais pronunciado pelos aniões do que pelos catiões. Observou-se que a capacidade decrescente de agregação de $[C_{12}$ mim][Br] segue a ordem $I^- >$ $Br^- > Cl^-$. Seis electrólitos de cloreto, NaCl, KCl, $_{NH4Cl}$, $(CH)_{34}$ NCl, $MgCl_2$ e $FeCl_3$ e cinco electrólitos de sódio-NaCl, $NaNO_3$, Na_2 CO_3 , Na_2 SO_4 e citrato trissódico foram utilizados para determinar o efeito dos aniões e catiões na agregação do brometo de 1-dodecil-3-metilimidazólio, $[C_{12}$ mim][Br], em solução aquosa. Verificou-se que a concentração crítica de agregação do $[C_{12}$ mim][Br] diminuía na presença de todos estes electrólitos, em comparação com a concentração em água.[107] Foram sintetizados ILs com grupo de cabeça N-metilimidazólio para investigar a sua auto-agregação em meio aquoso. Com a ajuda de técnicas de condutância, tensão superficial e fluorescência, foram calculados vários

parâmetros termodinâmicos e de superfície. Foram também efectuadas

medições de RMN e de espetroscopia de massa para obter uma visão da

estrutura destes agregados. O tamanho dos agregados foi determinado por

DLS.[108] Tendo em conta o comprimento da cadeia alquílica e os aniões, os

agregados de ILs à base de 1-alquil-3-metilimidazólio em solução aquosa

foram investigados por dispersão de neutrões de pequeno ângulo. A partir

da análise de ajuste de modelos, verificou-se que as micelas [$C_1$2mim$^+$][Br$^-$

] têm forma elipsoidal em fase de solução na gama de concentrações em

análise.[109]

Interações líquido iónico-surfactante

O estudo do comportamento de moléculas anfifílicas (tensioactivos) em LI é uma área de investigação interessante. Espera-se que os agregados moleculares formados por tensioactivos na presença de LIs solubilizem as partes hidrofóbicas dos LIs, alargando assim o campo de aplicação dos LIs. As moléculas anfifílicas que formam agregados nos LI podem ter aplicações potenciais na separação química, [110112] formulações farmacêuticas,[113] administração de medicamentos, [114115] síntese de nanomateriais. [116118] Como solvente, foi demonstrado que a parte aniónica do IL afecta a auto-montagem em compostos anfifílicos.[119] O efeito do tetrafluoroborato de tetraetilamónio [TEA(BF4)] IL no ponto de turvação de tensioactivos não iónicos: ter' octilfenoletoxilatos com 9,5 e 4,5 grupos de óxido de etileno, álcool cetílico etoxilado com 10 grupos de óxido de etileno, e Sorbitanmonolaurato e monooleato (ambos com 20 grupos de óxido de etileno) foram investigados em meio aquoso.[120] Observou-se que o ponto de turvação dos tensioactivos não-iónicos aumentava com o aumento da concentração de IL. Zhang $et\ al.$[121] investigaram o efeito do tetrafluoroborato de 1-dodecil-3-metilimidazólio, $[C_{12}\ mim][BF_4]$, IL na solução aquosa de Triton X-100. Foram utilizadas as tecnologias de tensão superficial, condutividade,[1] H NMR e FF-TEM para obter informações sobre as interações que prevalecem no sistema. Verificou-se que a CMC do tensioativo não-iónico aumentava na presença de IL, o que indica que a formação de micelas de Tx-100 não é propícia em $[C_{12}$ mim][BF_4].[121]

Comelles *et al.*[122] investigaram três IL hidrofílicos convencionais à base de imidazólio ([bmim-octilo][SO_4], [bmim-metilo][SO_4], e [bmim][BF_4]) com tensioativo não-iónico etoxilado (C -I EO_{1248}) em solução aquosa. Os gráficos de tensão superficial em função da concentração mostraram o comportamento do tipo tensioativo convencional destes ILs. A possibilidade de utilização de SAILs e de tensioactivos convencionais foi também investigada para a formação de micelas mistas. A tensão superficial e as medições de fluorescência em estado estacionário foram utilizadas para estudar o SAIL zwitteriónico misto e o tensioativo aniónico (sais internos de N-alquil-N-carboximetilimidazólio/sulfato de dodecil de sódio) em várias fracções molares. Verificou-se que os sistemas mistos apresentavam uma CMC muito mais baixa do que os sistemas individuais e mostravam um sinergismo mais forte, como indicado pelos valores negativos do parâmetro de interação, β .[123] Utilizando medições da tensão superficial e da condutividade, foram investigadas as interações IL-surfactante. Utilizando a teoria das soluções regulares de Rubingh,[124] foram determinados os cálculos dos parâmetros de interação, a preparação das diferentes fracções molares de micelas mistas em CMC pura e mista. O grau de idealidade dos tensioactivos individuais e dos sistemas mistos foi observado através dos coeficientes de atividade. O desvio do comportamento ideal e os parâmetros termodinâmicos revelaram a espontaneidade da formação de micelas mistas em meio aquoso.[125] A micelização mista de $[C_n mim][Br]$ (n = 4, 6 e 8) e dodecil sulfato de sódio (SDS) foi investigada. Observou-se que o comprimento da cadeia alquílica substituída nos ILs afecta as propriedades dos sistemas mistos. Foram observadas formações de sistemas de duas fases aquosas (ATPS) em ILs com mais de 6 átomos de carbono na sua cadeia alquílica. A diferença de tamanho e de forma dos agregados de tensioactivos formados nas micelas mistas foi considerada responsável pelo aparecimento de ATPS.

Foram igualmente observadas formações de cristais líquidos iónicos a baixas concentrações de tensioactivos. Este facto foi atribuído às interações electrostáticas, hidrofóbicas e sinérgicas entre os sistemas misturados.[126] Num outro caso, foram observadas interações moleculares e percolação em misturas binárias de TX-100 e tetrafluoroborato de 1-butil-3-metilimidazólio, $[bmim][BF_4]$, líquido iónico hidrofílico e microemulsões à base de $[bmim][BF_4]$/TX-100/ciclohexano foram investigadas por medições dieléctricas. As micelas mistas de TX-100 em [bmim][BF$_4$] foram Hexadecil-considerada esféricas quando a fração molar de TX-100 era inferior a 48%.

Observou-se que oito catiões de imidazólio estavam associados a cada molécula de TX-100, confirmando os efeitos de volume do anião e do catião na estrutura das micelas à base de IL.[127] Noutro estudo, o hexafluorofosfato de 1-butil-3-metilimidazólio, [bmim][PF$_6$], e o TX-IOO foram investigados utilizando técnicas de condutividade, UV-visível e fluorescência. Ao aumentar a concentração de Tx-IOO, a solubilidade de [bmim][PF$_6$] aumentou, sugerindo a partição de [bmim][PF$_6$] na fase micelar de TX-IOO. Observou-se que o [bmim][PF$_6$] se distribui por toda a fase micelar, o que se deve principalmente às interações de ligação de hidrogénio e de dipolo induzido.[128] As soluções aquosas do tensioativo catiónico Gemini trimetileno-1,3-bis(dodecil brometo de amónio) (12-3-12) e IL- [C$_n$ mim][Br] (n = 4, 6, 8) foram investigadas por técnicas de tensão superficial e de condutividade eléctrica. O modelo de solução regular RubingUs foi utilizado para calcular os vários parâmetros de interação. A isotérmica de adsorção de Gibbs foi utilizada para estimar a área efectiva do Gemini 12-3-12

na interface ar/água.
brometo de trimetilamónio (CTAB) em três líquidos iónicos à base de

imidazólio, cloreto de N-butil imidazólio [bmim][Cl], cloreto de 1-butil-3-metil imidazólio, [bmim][Cl], e brometo de 1-hexil-3-metil imidazólio, [C$_6$mim][Br]/água foi investigado por tensiometria, fluorescência, espetroscopia de RMN de[1] H e DLS. Os valores de CMC foram maiores, com atividade de superfície muito menor do que na água. Verificou-se que o comportamento de agregação é afetado pelos tipos de substituições aniónicas e alquílicas no anel de imidazólio. Verificou-se que a CMC e a estabilidade das micelas são afectadas pela ligação de hidrogénio.[130] A condutimetria foi utilizada para estudar o efeito do co-solvente, o teor de água e a temperatura de formação de micelas mistas de IL, brometo de 1-tetradecil-3-metilimidazólio com o tensioativo catiónico, brometo de 1-hexadecilpiridínio. Foram calculados vários parâmetros termodinâmicos utilizando a CMC obtida a partir de medições de condutividade. Observou-se que a energia livre de Gibbs padrão da micelização se torna mais negativa com o aumento da fração de [C$_1$4mim][Br] e da concentração do co-solvente, enquanto se observou um efeito inverso na entalpia padrão e na entropia padrão da micelização.[131] As medições da tensão superficial e a espetroscopia NMR foram utilizadas para avaliar a agregação e o comportamento superficial do IL, tetrafluoroborato de 1-butil-3-metil-imidazólio, [bmim][BF$_4$] com o tensioativo aniónico, SDS, em solução brometo   (C_{12} TPB)   aquosa à temperatura ambiente. Observou-se

que a CMC do SDS diminui com o aumento da concentração de IL,

[bmim][BF$_4$], na mistura.[132]   Comportamento de agregação do

dodeciltrifenilfosfónio

na presença de acetato de 1-butil-3-metilimidazólio, [bmim][OAc], e
benzoato de 1-butil-3-metilimidazólio, [bmim][PhCOO], em solução
aquosa foram investigados por tensão superficial, medições DLS e
espetroscopia[1] H NMR. Observou-se que a micelização do C_{12} TPB
ocorreu mais eficientemente com CMC mais baixo. O aumento da
micelização do C_{12} TPB foi observado devido ao efeito combinado das
interações intermoleculares, tais como a atração eletrostática, o efeito
hidrofóbico e o empilhamento π-π?[33] Um IL tri-substituído
(tetrafluoroborato de 1-butil-2,3- dimetilimidazólio, [bdmim][BF4], foi
utilizado como aditivo para estudar o comportamento de agregação de
SDS em meio aquoso. Com o aumento da temperatura e da percentagem
em peso do EIL, observou-se um aumento da CMC. Para obter uma visão
das interações intermoleculares de SDS com [bdmim][BF$_4$], foram
efectuadas medições de RMN de[1] H de soluções pós-micelares.[134] Os
tensioactivos de éteres polietilenoglicolalquílicos não iónicos do tipo
polioxietileno sofrem auto-agregação para formar micelas em
tetrafluoroborato de 1-butil-3-metilimidazólio, [bmim][BF$_4$]. As
interações solvófobas entre as cadeias de hidrocarbonetos dos
tensioactivos na presença de IL- [bmim][BF$_4$] foram observadas como
sendo um fator importante responsável pela formação de micelas.
Utilizando misturas de IL (compostas por duas espécies diferentes de IL
com composições variáveis), as interações solvófobas nos IL podem
também ser controladas.[135] Os estudos de interação dos LI mais comuns
com os tensioactivos convencionais estão tabelados na Tabela 1.

Interações líquido iónico-fármaco

A solubilização de fármacos pouco solúveis é frequentemente muito difícil devido à degradação que ocorre na fase de solução. Para formular uma solução aquosa simples e estável de fármacos, são adicionados aditivos que, por sua vez, complicam as formulações. Estão a ser exploradas várias possibilidades para encontrar aditivos adequados que tenham um efeito negligenciável nas formulações de medicamentos. Para aumentar a permeabilidade dos fármacos através das membranas biológicas, estão a ser utilizadas micelas de surfactantes. Devido ao seu tamanho reduzido, as micelas têm sido utilizadas como transportadores de fármacos. Estes fármacos incorporados em micelas são estáveis e aumentam a sua biodisponibilidade.[136] A formulação de fármacos em micelas minimiza o contacto com espécies inactivadoras em fluidos biológicos, reduzindo assim os seus efeitos secundários.[137-138] As interações do brometo de tetradeciltrimetilamónio (TTAB), SAILs, tais como o brometo de 1-tetradecil-3-metilimidazólio, [C$_{14}$ mim][Br], com os fármacos cloridrato de dopamina (DH) e cloreto de acetilcolina (AC), foram investigadas por condutividade, tensão superficial, voltametria cíclica e[1] H NMR. As caraterísticas micelares e de adsorção para estes sistemas fármaco-surfactante (DH/AC + [C$_{14}$ mim][Br]/TTAB) indicaram interações favoráveis.[141] A voltametria cíclica e as medidas de RMN de^1 H sugeriram

vários tipos de interações predominantes no sistema. A constante de ligação

(K) e a alteração da energia livre de Gibbs para estes complexos fármaco-

urfactante indicaram a existência de interações catião-π e π-π. Observou-se

que o [C$_{14}$ mim][Br] actua como um melhor transportador de fármacos para

a DH e a AC entre os fármacos. A DH liga-se mais fortemente ao TTAB e

ao [C$_{14}$ mim][Br] do que a AC devido às interações catião-π entre a carga

positiva das moléculas de surfactante e a região aromática da DH. A maior

constante de ligação do DH + [C14mim][Br] do que do DH + TTAB sugere

interações π-π do sistema π do DH e do anel de imidazólio do [C$_{14}$ mim]Br.

Verificou-se que a localização das moléculas do fármaco se situa na parte

exterior da micela, como foi confirmado pela diminuição dos valores da

CMC na presença do fármaco do [C$_{14}$ mim]Br e do TTAB, e também devido

ao comportamento de blindagem e des blindagem dos protões.[140] As micelas

reversas de CTAB com brometos de 1-alquil-3-metil imidazólio

melhoraram a atividade da enzima-tripsina. Observou-se que, na presença

de brometo de 1-etil-3-metil imidazólio, a tripsina apresentou uma maior

atividade em comparação com a observada na ausência de IL em micelas

reversas de CTAB.[141] Foi avaliada a influência dos IL à base de imidazólio

nos parâmetros bioquímicos que alteram o comportamento in vivo da nimesulida.

Utilizando IL como meio, foi avaliada a ligação da nimesulida à albumina do soro humano (HSA). Foi também realizada a interação de micelas de hexadecilfosfocolina (HDPC) com a nimesulida. Observou-se que a nimesulida se liga à HSA por meio de fortes interações, apesar de se verificar um aumento da constante de dissociação (K_d) em meios à base de IL. As interações foram consideradas espontâneas, tal como sugerido pela análise termodinâmica. No que diz respeito à absorção e distribuição do fármaco in vivo, os sistemas nimesulida-IL mostraram caraterísticas promissoras para serem boas opções para a administração de fármacos.[142]

O fármaco antimalárico artemisinina e a sua extração através da utilização de ILs foram conduzidos pela desidratação da artemisinina, tendo em conta as diferenças na interação da água com os ILs a granel. Os LIs utilizados foram o N,N,- dimetiletanolamónio-propanoato e a colina bis(trifluorometilsulfonil) imida.[143] Para a determinação sensível e exacta das composições enantioméricas de uma variedade de medicamentos, incluindo propranolol, naproxeno e varfarina, foi utilizado o método de fluorescência. Os RTIL quirais utilizados foram o S-[(3-cloro-2-hidroxipropil) trimetilamónio]   [bis((tri-fluorometil)sulfonil)amida]. A utilização destes RTILs quirais para solubilizar um fármaco e induzir interações diastereoméricas para a determinação da pureza enantiomérica foi feita devido ao elevado poder de solubilidade e à forte capacidade de reconhecimento enantiomérico. Observou-se que, ao empregar este método, as composições enantioméricas de uma variedade de produtos farmacêuticos com diferentes formas, tamanhos e grupos funcionais podem ser determinadas com sensibilidade e precisão.[144] Para proporcionar uma hidrofilicidade ajustável num ião e uma lipofilicidade no outro, e para fazer corresponder a

Para além dos requisitos estruturais necessários para solubilizar ingredientes farmacêuticos activos pouco solúveis em água, os IL podem ser escolhidos ou concebidos para atingir o objetivo pretendido. Para além da solubilização de fármacos com a ajuda de ILs, a administração de fármacos também pode ser melhorada. Os estudos de interação dos LI são mais frequentemente realizados com os fármacos indicados na figura 3.

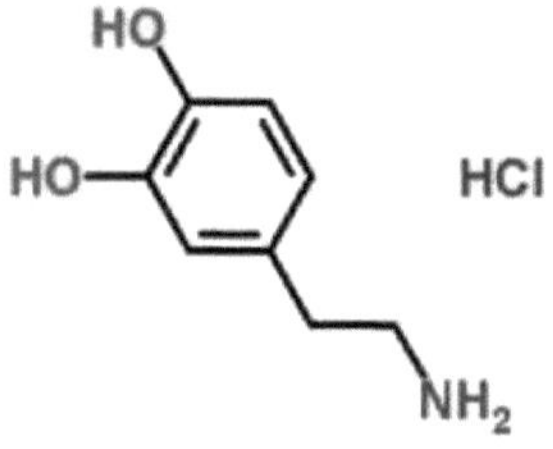 HO— (catechol ring) —CH2CH2NH2 HCl	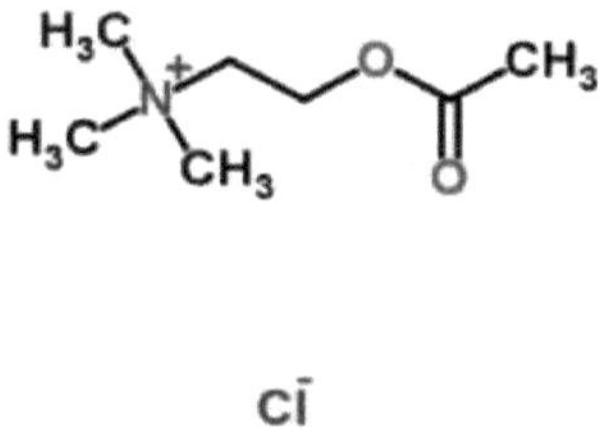 H3C–N+(CH3)(CH3)–CH2CH2–O–C(=O)–CH3 Cl-
Dopamine Hydrochloride	Acetylcholine

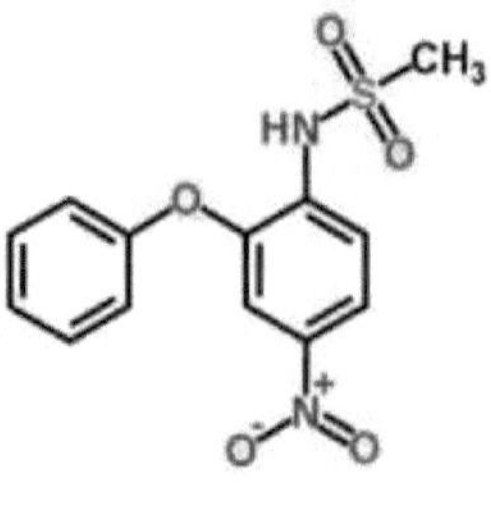	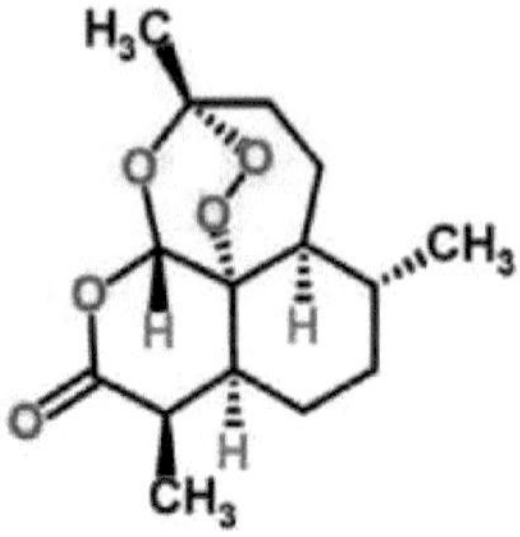
Nimesulide	Artemisinin
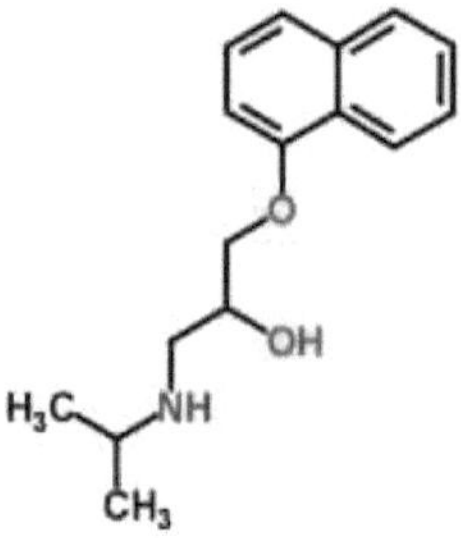	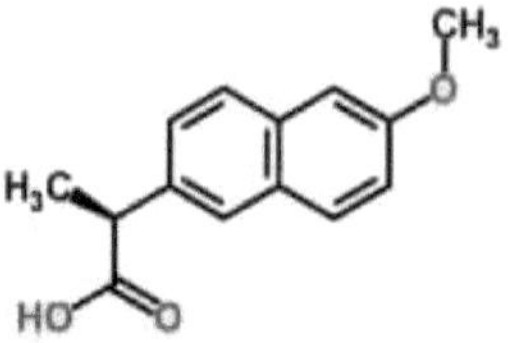
Propranolol	Naproxen
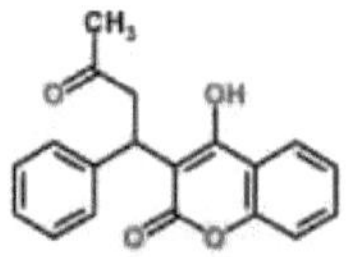	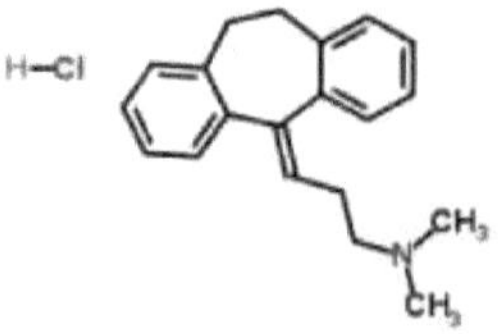

Varfarina	Cloridrato de amitriptilina

Figura. 3 Estruturas de alguns medicamentos.

Mc Craryet *al.*[145] demonstraram que a anfotericina B e o itraconazol com ILs (acetato de 1-etil-3-metil-imidazólio ([C$_2$ mim][OAc]) e uma série de ILs PEG-350 baseados no catião de amónio PEG ([m-PEG350- NH$_3$]+) combinados com um anião de ácido gordo, podem ser utilizados para melhorar a sua solubilidade e a sua administração. Verificaram que a utilização de ILs concebidos como excipientes em água desionizada, fluido gástrico simulado e fluido intestinal melhorou a administração do fármaco. As propriedades das soluções aquosas de tensioactivos associadas à curcumina foram modificadas pelo terafluoroborato de 1-butil-3-metilimidizalium devido à sua potencial utilização farmacêutica como agente anti-inflamatório, anti-carcinogénico e antioxidante. Como medicamento potencial, a curcumina tem sido objeto de uma investigação aprofundada. O IL [bmim][BF$_4$] à base de curcumina mostrou uma associação forte e favorável com uma solução de surfactante neutro do que com soluções de surfactante aniónico e catiónico.[146] Peteilh *et al.*[147] estudaram o fármaco ibuprofenato com três ILs, constituídos pelo catião 1-alquil-3-metil-imidazólio (n = 4, 6, 8) e pelo anião ibuprofenato em solução aquosa. Para avaliar a formação de agregados e as interações na mistura de soluções, foram utilizadas várias técnicas, tais como DLS, TEM criogénico (cryo-TEM),[1] H NMR e simulações de dinâmica molecular. Observou-se que o comprimento da cadeia alquílica do imidazólio desempenha um papel na formação de micelas mistas a concentrações mais elevadas. Observou-se que as micelas mistas eram formadas por aniões de ibuprofenato principalmente com alguns catiões de imidazólio que estão intercalados entre os aniões de IL. Ao aumentar o comprimento da cadeia alquílica, os compostos dos agregados enriquecem-se em catiões de imidazólio, tendo sido obtidos agregados de compostos estequiométricos. As interações atractivas entre estes agregados deram origem a agregados maiores. Como sugerido por simulações moleculares, estes agregados maiores podem constituir a fase inicial da separação de fases. As transições de micelas para vesículas ou fitas são observadas devido a efeitos de diluição, bem como a alterações nas composições químicas dos agregados. Os estudos de interação dos ILs com os fármacos mais comuns estão resumidos na Tabela 3.

Tabela 3 Interação de líquidos iónicos com fármacos.

Líquido iónico	Medicamentos	Referência
1. Brometo de tetradeciltrimetilamónio (TTAB) 2. 1-tetradecil-3-	1. Cloridrato de dopamina ((DH) 2. Acetilcolina	[111]
brometo de metilimidazólio, [C$_{14}$ mim] [Br]	cloreto (AC)	
brometo de l-etil-3-metil imidazólio	Enzima-Tripsina	[112]
Hexadecilfosfocolina (HDPC)	Nimesulida	[113]
Propanoato de l.N,N,- dimetiletanolamónio 2. Colina imida de bis(trifluorometilsulfonilo)	Artemisinina	[114]
S-[(3 -cloro-2-hidroxipropil) trimetilamónio] [bis((tri-fluorometil)sulfonil)amida].	1. Propranolol 2. Naproxeno 3. Varfarina	[115]
Acetato de l-etil-3 -metil-imidazólio	1. Anfotericina B 2. Itraconazol	[116]
terafluoroborato de l-butil-3 -metilimidizalio	Curcumina	[117]
Catião de l-alquil-3-metil-imidazólio (n = 4, 6, 8)	Ibuprofenato	[118]
cloreto de l -metil-3 -octilimidazólio	Cloridrato de amitriptilina	[119]

Observações finais

Os principais progressos realizados na utilização de líquidos iónicos para modular as propriedades físico-químicas de fármacos e tensioactivos. A partir deste trabalho, concluímos que o conhecimento do comportamento de agregação dos ILs acrescentou um passo na investigação das suas interações com surfactantes e fármacos convencionais. A auto-montagem de moléculas anfifílicas num solvente oferece aplicações potenciais, tais como a realização de uma ação de modelo melhorada para a síntese de materiais nanoestruturados e   processos de separação, formulação farmacêutica e outras tecnologias de dispersão. Muitos compostos insolúveis podem ser solubilizados de forma adequada, escolhendo as partes catião-anião dos IL. O comportamento de agregação e a interação de sistemas mistos de ILs de cadeia longa com tensioactivos clássicos estão a ser investigados, sendo ainda necessário fazê-lo de forma mais informativa. A formulação de sistemas coloidais inovadores de ILs, a sua aplicação como solventes, co-solventes, co-surfactantes e tensioactivos estão agora a ser investigados em profundidade devido à sua estabilidade e importância na administração de medicamentos, microemulsões, cristais líquidos e sistemas de vesículas. Por conseguinte, é interessante investigar as aplicações inexploradas dos SAIL que substituem os tensioactivos convencionais devido à sua toxicidade.

Os IL podem também ser explorados para desenvolver transportadores coloidais para utilização farmacêutica na administração de medicamentos. Para melhorar a administração de fármacos por via transdérmica, para eliminar o polimorfismo ou controlar a solubilidade em água, podem ser utilizados IL com pontos de fusão inferiores à temperatura corporal. Muitos ingredientes farmacêuticos activos, uma vez dissolvidos nos fluidos corporais, não conseguem manter o seu estado nativo, o que dificulta a sua ação. Assim, para solubilizar e fornecer os fármacos no estado dissolvido, pode ser útil um excipiente ou veículo. O conceito de utilização de ILs farmaceuticamente activos deu origem a um novo tipo de ILs, com um componente farmaceuticamente ativo. O aparecimento destes IL farmaceuticamente activos, tendo em conta propriedades como a biodisponibilidade, a solubilidade, a estabilidade e a administração de medicamentos, está a tornar-se muito popular.

Notas e referências

1.   T. L. Greaves e C. J. Drummond, *Chem. Soc. Rev.,* 2008, **37**, 1709.

2.   J. Luczak, J. Hupka, J. Thoming e C. Jungnickel, *Colloid. Surface.*A., 2008, **329**, 125.

3.   M. Tariq, M. G. Freire, B. Saramago, J. A. P. Coutinho, J. N. Canongia Lopes e L. Paulo, *Chem. Soc. Rev.*, 2012, **41**, 829.

4.   T. Welton, *Chem. Rev.*, 1999, **99**, 2071.

5.   M. J. Earle, P. B. McCormac e K. R. Seddon, *Green. Chem.*, 1999,**1**,23.

6.   E. Janus, I. Goc-Maciejewska, M. Lozynski e J. Pernak, *Tetrahedron. Lett.,* 2006, **47**, 4079.

7.   T. Fischer, A. Sethi, T. Welton e J. Woolf, *Tetrahedron. Lett.*, 1999, **40**, 793.

8.   G. Silvero, M. J. Arevalo, J. L. Bravo, M. Avalos, J. L. Jimenez e I. Lopez, *Tetrahedron*, 2005, **61**, 7105.

9.   R. A. Bartsch e S. V. Dzyuba, *ACS Symposium Series, American Chemical Society, Washington*, DC, 2003, **856**, 289.

10.   A. Aggarwal, N. L. Lancaster, A. R. Sethi e T. Welton, *Green. Chem.*, 2002, **4**.517.

11.   A. E. Visser, R. P. Swatloski e R. D. Rogers, *Green. Chem.*,2000, **2**, 1.

12.   M. L. Dietz, *Sep. Sci. Technol.*, 2006, **41**, 2047.

13.   L. Alonso, A. Arce, M. Francisco e A. Soto, *J. Chem. Thermodyn*, 2008, **40**, 966.

14.   R. A. Sheldon, R. M. Lau, M. J. Sorgedrager, F. van Rantwijk e K. R. Seddon, *Green. Chem.*, 2002, **4**, 147.

15.   A. P. Abbott e K. J. McKenzie, *Phys. Chem. Chem. Phys.*, 2006, **8**, 4265.

16.   F. Endres, *Nachr. Chem.,* 2007, **55**, 507.

17.   H. Sakaebe e H. Matsumoto, *Electrochem. Commun.*, 2003,**5**, 594.

18.   P. C. Howlett, D. R MacFarlane e A. F. Hollenkamp, *J. Electrochem. Soc.,* 2004, 7, A97.

19.   D. S. Silvester e R. G. Compton, Z. *Phys. Chem.,* 2006, **220**, 1247.

20.   D. Wei e A. Ivaska, *Analytica. Chimica. Ata*, 2008, **607**, 126.

21.   S. M. Saadeh, Z. Yasseen, F. A. Sharif e H. M. Abu Shawish, *Ecotox. Environ. Safe.*, 2009, **72**, 1805.

22.   P. Wasserscheid, C. M. Gordon, C. Hilgers, M. J. Muldoon e I. R. Dunkin, *Chem. Commun.*, 2001,**13**, 1186.

23.   A. E. Visser e R. D. Rogers, *J. Solid. State. Chem.*, 2003, **171**, 109.

24.   M. J. Earle, J. M. S. S. Esperanc, M. A. Gilea, J. N. Canongia Lopes, L. P. N. Rebelo e J. W. Magee, *Nature*, 2006, **439**, 831.

25.   M. Kosmulski, J. Gustafsson e J. B. Rosenholm, *Thermochim. Ata*, 2004, **412**, 47.

26.   Ed. A. Kokorin,Líquidos iónicos: Theory, Properties, New *ApproachesInTech. Open. Croácia.*, 2011. ISBN 978-953307-349-1.

27.   C. Villiagran, L. Aldous, M. C. Lagunas, R. G. Compton e C. Hardacre, *J. Electoanal. Chem.*, 2006, **588**, 27.

28.   J. G. Huddleston, A. E. Visser, W. M. Reichart, H. D. Willauer, G. A. Broker e R. D. Rogers, *Green. Chem.*, 2001,**3**, 156.

29.   H. Mizuuchi, V. Jaitely, S. Murdan e A. T. Florence, *Eur. Journ. Pharm. Sci.*, 2008, **33**, 326.

30.   D. Wei e A. Ivaska, *Anal. Chim. Ata*, 2008, **607**, 126.

31.   P. T. Anastas e J. C. Warner, *Green Chemistry: Theory and Practice, Oxford University Press: Nova Iorque*, 1998, 30.

32.   M. Klahn, C. Stuber, A. Seduraman e P. Wu, *J. Phys. Chem B.*, 2010, **114**, 2856.

33. P. Wasserscheid e T. Welton, Eds. Líquidos Iónicos em Síntese; Wiley VCH: Weinheim, Alemanha, 2008.

34. S. A. Kozlova, S. P. Verevkin e A. Heintz, *J. Chem. Eng. Data*, 2009, **54**, 1524.

35. D. W. Armstrong, J. L. Anderson, V. Pino, E. C. Hagberg e V. V. Sheares, *Chem. Commun.*, 2003,**19**, 2444.

36. K. A. Fletcher e S. Pandey, *Langmuir*, 2004, **20**, 33.

37. K. Behera e S. Pandey, *Langmuir*, 2008, **24**, 6462.

38. A. Ali, M. Ali, N. A. Malik e S. Uzair, *J. Chem. Eng. Data.*, 2014, **59**, 1755.

39. A. Ali, M. Ali, N. A. Malik, S. Uzair e U. Farooq, *Fluid. Phase. Equilibr.*, 2014, **382**, 31.

40. A. Ali, M. Ali, N. A. Malik e S. Uzair, *Spectrochim. Ata.A.*, 2014,**121**, 363.

41. N. A. Malik, *Appl. Biochem. Biotechnol*, 2016, *179*, 179.

42. S. Zhang, Y. Gao, B. Dong e L. Zheng, *Colloid. Surface A.*, 2010, **372**, 182.

43.   P. D. McCrary, P. A. Beasley, G. Gurau, A. Narita, P. S. Barbe e O. A. Cojocaru, *New. J. Chem.*, 2013, **37**, 2196.

44.   N. V. Plechkova e K. R. Seddon, *Chem. Soc. Rev.*, 2008, **37**, 123.

45.   Líquidos Iónicos em Síntese. Editado por Peter Wasserscheid, Thomas Welton, 2002 Wiley-VCH Verlag, Weinheim Alemanha.

46.   K. Behera, H. Om e S. Pandey, *J. Phys. Chem B.*, 2009, **113**, 786.

47.   K. Behera e P. Dahiya, S. Pandey, *J. Colloid. Interf. Sci.*, 2007, **307**, 235.

48.   K. Behera e S. Pandey, *J. Colloid. Interf. Sci.*, 2009, **331**, 196.

49.   V. G. Rao, C. Ghatak, S. Ghosh, R. Pramanik, S. Sarkar e S. Mandal, *J. Phys. ChemB.*, 2011,**115**, 3828.

50.   G. O. Ogunlusi, J. Ige e O. Owoyomi, *Phys. Chem. Liq.*, 2013,**52**,388.

51.   K. Prajapati e S. Patel, *Appl. Sci. Res.*, 2012, **4**, 662.

52. S. Chavda e P. Bahadur, *J. Mol. Liq.*, 2011,**161**, 72.

53. J. Li, T. Fan, Y. Xua e X. Wu, *Phys. Chem. Chem. Phys.*, 2013, 1.

54. M. R. Beccia, T. Biver, B. Garcia, J. M. Leal, F. Secco, R. Ruiz e M. Venturini, *Dalton. Trans.*, 2012, **41**, 7372.

55. A. Pal e S. Chaudhary, *Fluid. Phase. Equilibr.*, 2014, **372**, 100.

56. D. Patra e C. Barakat, *Spectrochim. Ata. Parte A.*, 2011, **79**, 1823.

57. S. Javadian, F. Nasiri, A. Heydari, A. Yousefi e A. A. Shahir, *J. Phys. Chem B.*, 2014,**118**, 4140.

58. A. Yousefi, S. A. Aslanzadeh e J. Akbari, *J. Mol. Liq.*, 2016,**219**, 637.

59. A. Yousefi, S. Javadian, N. Dalir, J. Kakemam e J. Akbari, *RSc. Adv.*, 2015, **5**, 11697.

60. A. Pal e A. Pillania, *Colloid. Surface A.*, 2014, **452**, 18.

61. A. Pal e A. Pillania, *Fluid. Phase. Equilibr.*, 2014, **375**,

23.

62.   X. Lu, Q. Cao, J. Yu, Q. Lei, H. Xie e W. Fang, *J. Phys. Chem B.*,2015,**119**, 11798.

63.   M. Tariq e A. Podgorsek, J. L. Ferguson, A. Lopes, M. F. Costa Gomes, A. A. H. Pádua, *J. Colloid Interf. Sci.*, 2011,**360**, 606.

64.   J. Bowers, C P. Butts, P. J. Martin, M. C. Vergara-Gutierrez e R. K. Heenan, *Langmuir*, 2004, **20**,2191.

65.   O. A. El Seoud, P. A. R. Pires, T. Abdel-Moghny, E. L. Bastos, *J. Colloid. Interf. Sci.*, 2007, **313**, 296.

66.   A. Ray, *J. Am. Chem. Soc.*, 1969, **91**,6511.

67.   A. Ray, *Nature*, 1971, **231**, 313.

68.   M. S. Akhter e S. M. Alawi SM, *Colloid. Surface A.*, 2003,**219**, 281.

69.   A. J. Ward e C. du Reau, Surfactant association in nonaqueous media, em surface and colloid science, ed. E Matijevic, Plenum Press, York 1993; cap. 4 p. 15. E Matijevic, Plenum Press, Nova Iorque, 1993; cap. 4, p. 15.

70.   T. L. Greaves, e C. J. Drummond, *Chem. Soc. Rev.*, 2013, **42**, 1096.

71. S. Tang, G. A. Baker e H. Zhao, *Chem. Soc. Rev.,* 2012,

41, 4030.

72. J. Luczak, J. Hupka, J. Thoming e C. Jungnickel, *Colloids. Surface A.*, 2008, **329**, 125.

73. P. Brown, C. P. Butts, J. Eastoe, D. Fermin, I. Grillo, H. C. Lee e R. M.

Richardson, *Langmuir*, 2012, **28**, 2502.

74. P. Brown, C. Butts, R, Dyer, J. Eastoe, I. Grillo e F. Guittard, *Langmuir*, 2011, **27**, 4563.

75. F. Geng, J. Liu, L. Zheng, L. Yu, Z. Li e G. Li, *J. Chem. Eng. Data.*, 2010, **55**, 147.

76. C. C. Villa, F. Moyano, M. Ceolin, J. J. Silber, R. D. Falcone e N. M. Correa, *Chem. Eur. J.*, 2012,**18**, 15598 .

77. O. A. El Seoud, P. A. R. Pires, T. A. Moghny e E. L. Bastos, *J. Colloid. Interf. Sci.*, 2007, **313**, 296.

78. P. D. Galgano e O. A. El Seoud, *J. Colloid. Interf. Sci.*, 2010, **345**, 1.

79. A. Pal e A. Pillania, *Thermochim. Ata*, 2014, **597**, 41.

80.   A. Hafiidz, M. Fauzi, N. Aishah e S. Amin, *Renew. Sust. Energ. Rev.*, 2012,**16**, 5770.

1.1.   . H. J. Arellano, J. G. Guarino, F. U. Paredes e S. D. Arco, *J. Therm. Anal. Calorim.*, 2011,**103**, 725.

82.   J. G. Huddleston, A. E. Visser, W. M. Reichert, H. D. Willauer, G. A. Broker e R. D. Rogers, *Green. Chem.*, 2001,**3**, 156.

83.   M. T. Garcia, I. Ribosa, L. Perez, A. Manresa e F. Comelles, *Langmuir.*, 2013, **29**, 2536.

84.   C. Jungnickel, J. Luczak, J. Ranke, J. F. Fernandez, A. Muller e J. Thoming, *Colloid. Surface A.*, 2008, **316**, 278.

85.   M. Tariq, K. Shimizu, J. N. C. Lopes, B. Saramago e L. P.N. Rebelo, DOI: 10.1002/9781118854501.

86.   L. Carson, P. K. W. Chau, M. J. Earle, M. A. Gilea, B. F. Gilmore e S. P. Gorman, *Green. Chem.*, 2009,**11**, 492.

87.   A. Busetti, D. E. Crawford, M. E. Earle, M. A. Gilea, B. F. Gilmore e S. P. Gorman, *Green. Chem.,* 2010,**12**, 420.

88. D. Coleman, M. Spulak, M. T. Garcia, N. Gathergood, *Green. Chem.,* 2012,**14**, 1350.

89. T. Thorsteinsson, M. Mâsson, K. G. Kristinsson, M. A. Hjdlmarsdottir e H. Hilmarsson, *J. Med. Chem.*, 2003, **46**, 4173.

90. M. T. Garcia, N. Gathergood e P. J. Scammells, *Green. Chem.,* 2005, **7**, 9.

91. M. T. Garcia, I. Ribosa, L. Perez, A. Manresa e F. Comelles, *Colloid. Surface B.*, 2014,**123**,318.

92. M. Tariq, F. Moscoso, F. J. Deive, A. Rodriguez, M. A. Sanromdn e J. M. S. S. Esperança, *J. Chem. Thermodyn.*, 2013,**59**, 43.

93. A. Pal e S Chaudhary, *Thermochim. Ata.*, 2013, **573**, 200.

94. T. Singh e A. Kumar, *Colloid. Surface A.*, 2008, **318**, 263.

95. H. Zhang e H. Liang, J. Wang, *Colloid. Surface A.*, 2008, **329**, 75.

96.   E. Brani, P. Savarino e G. Viscardi, *Acc. Chem. Res.*, 1991,**24**, 98.

97.   A. Eilmes, P. Kubisiak e M. Brela, *J. Phys. Chem B.*, 2016, **120**, 11026.

98.   J. M. Porter, C. B. Dreyer, D. Bicknase, S. Vyas, C. M. Maupin e J. Poshusta, *J. Quant. SpectrosRA.*, 2014, **133**, 300.

99.   A. Paul e A. Samanta, *J. Chem. Sci.,* 2006,**118**, 335.

100.   N. A. Malik, *Appl. Biochem. Biotechnol*, 2015, **176**, 2077.

101.   D. Sate, M. H. A. Janssen, G. Stephens, R. A. Sheldon, K. R. Seddond

e R. J. R. Lu, *Green. Chem.,* 2007, **9**, 859.

102.	B. Dong, X. Zhao, L. Zheng, J. Zhang e T. Inoue, *Colloid Surface A.,* 2008, **317**, 666.

103.	J. Wang, H. Wang e S. Zhang, DOI 10.1007/978-3-642-38619.

104.	X. Fan e K. Zhao, *Soft Matter.,* 2014,**10**, 3259.

105.

D. P. Valencia, P. D. Galgano, O. A. El Seoud e M. Bertotti, *J. Electrochem. Soc.,* 2014,**10**, 161.

106.	R. Sadeghi e R. Golabiazar, *J. Mol. Liq.,* 2014, **197**, 176.

107.	R. Golabiazar e R. Sadeghi, *J. Chem. Thermodyn.,* 2014, **76**, 29.

108.	V. Chauhan, S. Singh e R. Kamboj, *Ind. Eng. Chem. Res.,* 2014, **53**, 13247.

109.	T. Kusano, K. Fujii, M. Tabata e M. Shibayama, *J. Sol. Chem.,*2013,**42**, 1888.

110.	E. D. Bates, R. D. Mayton, I. Ntai e J. H. Jr Davis, *J. Am. Chem. Soc.,* 2002,**124**, 926.

111.	W. Wu, B. Han, H. Gao, Z. Liu, T. Jiang e J. Huang, *Angew. Chem.,* 2004,**116**, 2469.

112.	P. Wang, B. Wenger, H. R. Baker, J. E. Moser, J. Teuscher e W. Kantlehner, *J. Am. Chem. Soc.,* 2005. **127**, 6850.

113.P. Alexandridis e B. Lindman, Auto-montagem e aplicações, *Elsevier*, 2000.

114.	R. Savic, L. Luo e A. Eisenberg, *Science*, 2003, **300**.615.

115.	C. Allen, D. Maysinger e A. Eisenberg, *Colloid. SurfA.*, 1999,**16**, 3.

116.	T. F. Jaramillo, S. H. Baeck, B. R. Ceunya, E. W. MacFarland, *J. Am. Chem. Soc.*, 2003,**125**, 7148.

117.	B. H. Sohn, J. M. Choi, S. II Yoo, S. H. Yun, W. C. Zin e J. C. Jung, *J. Am. Chem. Soc.*, 2003,**125**, 6368.

118.	J. A. Massey, M. A. Winnik e I. Manners, *J. Am. Chem. Soc.*, 2001,**1231**, 3147.

119.	T. Inoue e K. Maema, *Colloid. Polym. Sci.*, 2011, **289**, 1167.

120.	D. Bhatt, K. C. Maheria e J. Parikh, *J. Surfact. Deterg.*, 2013,**16**, 547.

121.	S. Zhang, Y. Gao, B Dong e L. Zheng, *Colloid. Surface A.*, 2010, **372**, 182.

122.	F. Comelles, I. Ribosa, J. J. González e M. T. Garcia, *Langmuir*, 2012, **28**, 14522.

123.	X. Wang, R. Wang, Y. Zheng, L. Sun, L. Yu e J. Jiao, *J. Phys. Chem B.*, 2013, **117**, 1886.

124.	D. N. Rubingh e K. L. Mittal, *Plenum. Press*, 1979.

125.	X. Qi, X. Zhang, G. Luo , C. Han , C. Liu e S. Zhang, *J. Disper. Sci. Technol.*, 2013, **34**, 125.

126.	C. Zuo, M. Aiqing, W. Fei, S. Yazhuo e L. Hongla, *J. East China Norm. Univ. Natur. Sci. Ed.*, 2012, **175**, 137.

127.	Y. Lian e K. Zhao, *J. Phys. Chem B.*, 2011, **115**, 11368.

128.	K. Behera, P. Dahiya e S. Pandey, *J. Colloid. Interf. Sci.*, 2007, **307**, 235.

129.	Y. Shang, T. Wang, X. Han, C. Peng e H. Liu, *Ind. Eng. Chem. Res.*,

2010, **49**, 8852.

130.		S. Javadian, V. Ruhi, A. Heydari, A. Asadzadeh-Shahir, A. Yousefi e J. Akbari, *Ind. Eng. Chem. Res.*,2013,**52**, 4517.

131.		Y. He, L. Sun, D. Fang, C. Han, C. Liu e G. Luo, *Colloid. J.*, 2014, **76**, 96.

132.		L. Sheng, Z. Jing e H. J. Bin, *Ata. Phys. Chim. Sin.*, 2007, **23**, 1657.

133.		F. Lu, L. Shi, H. Yan, X. Yang e L. Zheng, *Colloid. Surface A.*, 2014, **457**, 203.

134.		A. Pal e A. Pillania, *Fluid. Phase. Equilibr.*, 2014, **375**, 23.

135.		T. Inoue e T. Misono, *Fukuoka. Daigaku. Rigaku. Shuho.*, 2013, **43**, 177.

136.		A. T.Florence e N. Hussain, *Adv. Drug. Delivery. Rev.*, 2001, **50**, S69.

137.		V. P. Torchilin, *J. Cont. Rel.*, 2001, **73**, 137.

138.		M. J. Lawrence, *Chem. Soc. Rev.*, 1994, **23**, 417.

139.		O.I Corrigan e A.M. Healy, *Encyclopedia of pharmaceutical Technol*, 2002.

140.		S. Mahajan, R. Sharma e R. K. Mahajan, *Langmuir*, 2012, **28**, 17238.

141.		S. Debnath, D. Das, S. Dutta e P. K. Das, *Langmuir*, 2010, **26**, 4080.

142.		A.M.O. Azevedo, D.M.G. Ribeiro, P.C.A.G. Pinto, M. Lúcio, S. Reis e M.

145. L. M. F. S. Saraiva, *J. Pharmaceutics*, 2013, **443**, 273.

143.   M.W. Sanders, L. Wright, L. Tate, G. Fairless, L. Crowhurst e N. C. Bruce, *J. Phys. Chem A.*, 2009, **113**, 10143.

144.   C.D. Tran e D. Oliveira, *Anal. Biochem*, 2006, **356**,51.

P.D. McCrary, P.A. Beasley, G. Gurau, A. Narita, P.S. Barber e O. A. Cojocaru, *New. J. Chem.*, 2013, **37**, 2196.

146.   D. Patra, e C. Barakat, *SpectrochimActaA* ., 2011,**79**, 1823.

147.   C. T. Peteilh, J.M. Devoisselle, A. Vioux, P. Judeinstein, M. Inc e L. Viau, *Phys. Chem. Chem. Phys.*, 2011, **13**, 15523.

148.   A.B. Khan, M. Ali, N.A. Malik, A. Ali e R. Patel, *Colloid Surface B.*, 2013, **112**, 460.

I want morebooks!

Buy your books fast and straightforward online - at one of world's fastest growing online book stores! Environmentally sound due to Print-on-Demand technologies.

Buy your books online at
www.morebooks.shop

Compre os seus livros mais rápido e diretamente na internet, em uma das livrarias on-line com o maior crescimento no mundo! Produção que protege o meio ambiente através das tecnologias de impressão sob demanda.

Compre os seus livros on-line em
www.morebooks.shop

Printed by Books on Demand GmbH, Norderstedt / Germany